中 華 教 育

基本法 小小通識讀本 3

鍾煜華 / 編著

序

基本法基金會總編輯　尹國華大律師

　　孩子是社會未來的棟樑，我們應該盡心盡責的培養。所謂十年樹木百年樹人，這是一個不能輕視的重擔。為了復興民族的宏圖，除了一般基礎知識外，社會大眾也必須教育孩子們正確的歷史觀與價值觀。而且，有目共睹的是香港過往的成功，除了中國人刻苦拚搏、堅毅靈活的特質外，更重要的就是擁有優良的法律制度與傳統；所以，向孩子灌輸正確的法制和法治概念，是教育他們的一個重要環節。

　　基本法是香港特區一切法律的淵源，要充分理解香港的法律制度與法治精神，不能脫離對基本法正確的認識。

　　然而要學習枯燥嚴肅的基本法並不是一件容易的事情，尤其是牽涉的絕大部分司法覆核案例也是艱深晦澀，法理概念極不容易掌握。可是本書卻能以輕鬆的手法，靈活而又生動的例子，而且還是以問答互動的形式，闡述法條的本質，對孩子能正確掌握基本法的立法意圖和精神，可說事半功倍。在坊間不多的同類書籍中，本書是甚為值得參考的兒童教育工具。

2020 年 11 月 16 日

目錄

熱身小講堂：
旗幟和徽章，小圖案大作用

1 讓它們來代表你！

我們在日常生活中，都見過旗幟與徽章。小到一間店鋪、一所學校、一支球隊；大到一個組織、一座城市、一個地區，乃至一個國家和世界性機構，都有代表自己的旗幟與徽章。研究旗幟與徽章的學問都是頗有歷史的研究門類呢。

在很久很久以前，古代人出門的時候，由於沒有通訊設備，就在長棍子或者樹枝上綁上顏色鮮艷的布條等東西傳達信息。漸漸地，專門用來傳播信息、進行宣傳、代表人物或組織，甚至進行裝飾的旗幟就演化了出來。國家、地區、軍隊等通常都有自己的旗幟。旗幟通常有三角形、方形或者長條形，也有一些特殊的形狀。

徽章既有佩戴式的標誌或紋章，也有懸掛在建築以及機構之外的種類。我們去歐洲旅遊，常常見到古代的城堡與城門上懸掛着盾牌形狀的紋章，它們代表的是曾經擁有城堡的貴族家族或者這座城市的歷史。現代的國家或國際組織，比如聯合國的各個分支機構，也有展現各自特點的徽章圖案。

2 旗幟和徽章上有甚麼？

最早的旗幟中，有一種是只有顏色沒有文字圖案的，就好像現代的交通燈，在指揮和傳達信息中，告訴人們他們所屬的羣體，或者應該怎麼行動；至於有文字和圖案的，其中便存在着一定的信息含義和禮儀文化內涵。中國古代的《周禮》，就記載了周天子所用的九種不同圖案，代表天子職能不同方面的旗幟。明朝的軍旗上，有四象二十八星宿的圖案。

徽章上是一定有圖案或者文字的。因為它的作用是通過設計的圖案、文字與詞彙，來表示徽章所有者、佩戴者或裝置物的身份、家族關係、機構組織特點等。在歐洲的封建時代，由於騎士都包裹在重重鎧甲內，為了方便在戰爭以及平時比武、表演、競賽中進行辨認，代表其個人或家族身份的紋章得到了很大的發展。之後，歐洲貴族還在家族的房屋和物件上也加上紋章。紋章中的一些特殊動植物，如龍、獅子、獨角獸、蛇、百合花、蕨類等，都具有特定的指代含義，而紋章上使用的色彩、元素、文字的組合，還能夠指示不同家族與國家之間的親屬關係。由此還發展出了專門的紋章學，影響到現代人對徽章紋樣的設計。

3 試着來設計！

　　講了這些關於旗幟和徽章的小知識，各位同學有沒有想過為自己或者班級設計一面小旗和一個徽章呢？

　　在設計之前，大家還要注意以下幾點：

（1）我們設計旗幟和徽章，主要是為了代表個人、團體或者機構，因此採用的圖案和元素，要符合相應對象的特點，並盡量不用骷髏頭等容易引起負面聯想和爭議的元素與顏色。

（2）在顏色搭配上，要醒目，相鄰的不同顏色之間對比要鮮明，方便人們觀看和辨認。

（3）設計旗幟和徽章的時候，圖案文字的排列要考慮到旗幟與徽章本身的形狀。

第1章

中華人民共和國國旗

基本法 Q&A

1. 為甚麼中華人民共和國的國旗被稱為「五星紅旗」?

　　既然中華人民共和國國旗被俗稱為「五星紅旗」，顧名思義，它是一面有五顆星星圖案的紅色旗幟。綜觀全世界的國旗，有不少國家的國旗上都有紅色以及星星這兩個元素，但設計上紅色的範圍面積差異，還有星星的數量、大小、顏色、排列不同，會體現出不同的含義和效果。

　　現在就讓我們來看一看，中華人民共和國國旗「五星紅旗」的樣子吧！

8

國旗的設計細節

　　為了落實列入基本法附件三的《中華人民共和國國旗法》與《中華人民共和國國徽法》而制定的《國旗及國徽條例》，裏面詳細介紹了國旗的規格尺寸，以及星星圖案的位置、大小與排列：

　　首先，《國旗及國徽條例》規定，國旗的旗面全部都是紅色，旗幟形狀是長與寬比為 3：2 的長方形。其次，五顆星星都是黃色的五角星，位於國旗旗面的左上方；其中一顆星星比較大，四顆小星環繞在大星星的右邊。

　　僅僅像上面那麼說，可能同學們還不太清楚五顆星星的排列。四顆小星星是擠在一起環繞着大星星呢，還是按照不同距離分佈在它的周圍？我們就根據《國旗及國徽條例》，來學一學怎麼畫國旗上的星星吧！

如何畫好國旗上的星星？

要準確地畫好國旗上的五顆星星，還需參考《國旗及國徽條例》的內容：

（1）為便於確定五星之位置，先將長方形的旗面對分為四個相等的長方形，將左上方之長方形上下劃為十等分，左右劃為十五等分。

（2）大五角星的中心點，在該長方形上五下五、左五右十之處。大五角星的一個角尖要朝向正上方。

（3）四顆小五角星的間距應當是一致的。而且，這四顆小五角星各自都要有一個角尖正對大五角星的中心點。這是團結一致的象徵。

如何？有了以上三個小貼士，你可以順利地畫出國旗嗎？請和朋友們嘗試一下！

畫畫看！

基本法 Q&A

2. 五星紅旗是誰設計的？

　　中華人民共和國國旗誕生於 1949 年，設計者是浙江省瑞安縣一個名叫曾聯松的普通市民。他在當年的《解放日報》上看到徵集國旗設計圖案的啟事，就設計了樣稿報名，沒想到，這個日後被大家俗稱為「五星紅旗」的「紅地五星旗」方案被選中了，經過修改，成為了代表一個國家的國旗。

3. 中國現代意義上的第一面國旗是五星紅旗嗎？

　　不是。中國最早的「國旗」出現在晚清。之後在中華民國時期又有幾次旗幟的變化，五星紅旗是 1949 年中華人民共和國成立以來沿用至今的中國國旗。

13

中國國旗的歷史

國旗是西方出現主權國家這個概念之後，才產生的用來代表國家的事物。在封建時代，中國人認為「普天之下莫非王土，率土之濱莫非王臣」，因此只有各種體現皇帝權能的象徵圖案的旗幟，卻沒有國旗這種說法。

那麼是從甚麼時候起，中國出現了國旗呢？這還要從晚清時期，西方列強轟開中國的大門說起。列強在闖入中國，攫取種種政治經濟利益的同時，也讓中國人看到了過去完全不了解的一個世界。當時的中國人發現，西方國家在政治、軍事、外交等場合，都會懸掛國旗，於是，慈禧太后就讓經常與外國人打交道的李鴻章負責為中國準備一面國旗。

當時的中國人，其實並不太清楚怎麼設計一面國旗，以及一面國旗常用的元素符號有甚麼。最終在 1862 年，慈禧太后選中了黃底青色五爪飛龍戲珠的圖案。因此，這面新鮮出爐的「國旗」就被稱為「黃龍旗」。最早的黃龍旗和皇帝儀仗中的很多旗幟一樣，是三角形的，但後來人們發現，三角形的旗幟和西洋各國的長方形國旗掛在一起，似乎有點「特立獨行」？結果黃龍旗就改變了形狀，變成長方形，一直被使用到1912年清王朝被推翻為止。

　　中華民國建立以後，當然不能再用清王朝的「國旗」，於是人們用「五色旗」作為新的國旗。顧名思義，「五色旗」是自上而下紅、黃、藍、白、黑五種顏色的橫向條紋組成的長方形旗幟。這五種顏色，分別象徵着當時中國主要的漢、滿、蒙、回（這裏的回不單指信奉回教的民族，還包括了在清朝被稱作「回疆」的新疆地區各民族）、藏五個民族，呼應了中華民國初期源自清末立憲運動「五族大同」的政治口號「五族共和」。

　　這時候可能同學們就有問題了，在不少民國時期的電影電視劇裏，出現的旗幟明明不是「五色旗」呀？而是一面紅藍兩色，有白色太陽的旗幟，這又是為甚麼呢？原來中國國民黨領導的國民革命軍在北伐戰爭（1926 年－ 1928 年）中取得了對北洋軍閥的勝利，在形式上統一了中國。於是在孫中山的提議下，將陸皓東設計的中國國民黨青天白日旗放在紅色長方形旗幟的左上角，產生了三種顏色分別象徵自由、平等、博愛精神與三民主義的「青天白日滿地紅旗」，它被定為中華民國的新國旗。

黃龍旗

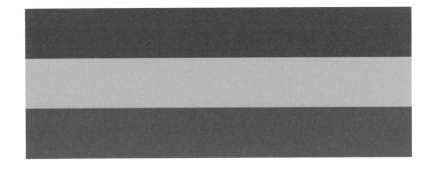

五色旗

青天白日滿地紅旗

　　1949 年中華人民共和國建立之後，五星紅旗成為了中國的
國旗，一直沿用到今天。中國對香港和澳門兩個特別行政區恢復
行使主權之後，國旗也在這兩個地區飄揚起來。

基本法 Q&A

4. 小明的叔叔在景區開了一間小店，賣具有中國特色的工藝品，他可以把國旗印在廣告宣傳單上嗎？

　　不可以。根據《國旗及國徽條例》的規定，國旗不能用於商業用途。

18

怎樣懸掛與使用國旗

怎樣使用國旗，其實也是有相關的法律條款的，一定要注意啊！

基本法規定，香港特別行政區是中華人民共和國的一部分，因此，在香港也需要懸掛、使用和保護、尊重中華人民共和國國旗。1997 年 7 月 1 日，為了落實列入基本法附件三的《中華人民共和國國旗法》與《中華人民共和國國徽法》而制定的《國旗及國徽條例》正式生效。這項法例規定了國旗與國徽的圖樣與規格，以及國旗國徽可以使用的場合與允許懸掛的機構，並且對違法使用國旗國徽、破壞損害國旗國徽等違法行為的處罰做出了規定。

首先，香港的各主要政府建築物，都必須展示國旗或國徽，或者兩樣都要展示。另外，像一些口岸與公共體育文化設施，譬如香港與內地聯通的口岸及檢查站、香港國際機場、灣仔國際會展中心附近的金紫荊廣場，以及各區圖書館、體育館，也都需要懸掛國旗。

在香港懸掛使用的國旗必須符合《國旗及國徽條例》中規定的規格。而且，國旗的製造是由專門的工廠機構來製造的，即是說，同學們可以在畫畫或者做作業的時候繪製國旗，但是不可以把我們自己製作出來、不符合規格亦沒有得到授權的旗幟懸掛在

公共場所。不然區域法院有權命令沒收這些旗幟，並且給予處罰。

總的來說，《國旗及國徽條例》所禁止的，是將國旗用於商業用途（即商標與廣告），或者是私人活動，特別是哀悼的場合。在香港特別行政區，行政長官可以規定香港有哪些機構必須展示或使用國旗，用甚麼方式，在甚麼情況下展示或使用它。行政長官亦可以對國旗的使用進行授權、限制或禁止。

另外，國旗是代表國家的莊嚴象徵，我們需要尊重它。展示使用國旗時，不能用已經破損、弄髒或者形狀不正確的國旗。破壞正在展示或使用中的國旗，是違法的行為，我們要注意不要去做。

所以，國旗的展示和使用，都要按照相關的法律來進行。這點大家一定要記得啊！

基本法 Q&A

5. 如果某小學同時升起國旗、區旗和學校校旗，國旗旗杆應如何擺放？

懸掛國旗的旗杆應該在最中央的位置，而且國旗的位置亦是最高的。

國旗的位置有講究！

　　國旗的升降時間、升降位置與意義，以及我們同時升起包括國旗在內的多面旗幟時的講究，都包含了很多意義，接下來的小知識，你都知道嗎？

　　（1）國旗優先：國旗代表的是一個國家，所以升掛國旗的時候，它應該位於最顯著的地位，也就是我們說的「國旗優先」。如果是持有包括國旗在內旗幟操練的隊伍，國旗的位置一定會在其他的旗幟之前；如果是在固定旗杆等地方同時升掛國旗以及其他旗幟，那麼國旗一定是在中心，它的懸掛位置也會比較高，更加醒目。因此，我們在學校和一些豎立着很多根旗杆的機構門前，看到懸掛國旗的旗杆在中間位置，而且會比較長一點點，就是符合了這條要求；另外，特區政府禮賓處接待外賓時的升掛國旗禮儀，則要遵守外交部的規定和國際慣例。

　　（2）國旗的升降：升降國旗時，不能拉着繩子「趕時間」很快地升降，應當慢慢地勻速進行。通常升旗，國旗一定要升至杆頂；降下收起國旗的時候，旗手不可以讓國旗落地。另外，我們經常會見到國旗與特區的區旗在同一個場合同時升降的情況，這個時候國旗升降的順序，是最先升最後降的。

　　（3）甚麼是「半旗」？：通常情況下，國旗是升至旗杆頂端懸掛展示的。但在某些特殊情況下，會出現「下半旗」的情況。

升旗手先將國旗升到旗杆頂部，然後緩緩將它降下，直至旗頂到旗杆頂的距離佔旗杆全長的三分之一位置；降旗的時候也不能直接把「半旗」降到底，還要把它升至旗杆頂才正常降旗。那麼為甚麼要「下半旗」呢？

《國旗及國徽條例》規定，「下半旗」應用於兩種不同的場合：第一是中國政要、對中國做出傑出貢獻的人士以及對世界和平及人類進步事業做出傑出貢獻的人士去世，需要「半旗」哀悼紀念，後兩類人士的選擇，由中央人民政府通知特區行政長官；第二種情況是發生了特別重大傷亡的不幸事件或者嚴重自然災害造成重大傷亡時，中央政府通知行政長官之後，會在香港下半旗誌哀。比如香港曾為 2008 年四川汶川大地震死難者下半旗誌哀；2010 年 8 月 15 日為甘肅泥石流死者下半旗，九天之後香港又下半旗悼念馬尼拉人質事件遇難者，這也是香港歷史上下半旗間隔最短的情況；2012 年南丫島海難在 10 月 1 日發生，之後時任特首梁振英下令 10 月 4 日至 6 日下半旗。

更多關於升國旗和升旗禮的內容，以及相關圖解，我們可以參閱教育局的頁面（https://www.edb.gov.hk/tc/curriculum-development/4-key-tasks/moral-civic/Newwebsite/html/flagraising.html），以及香港升旗隊總會的官方網站（http://ahkf.org.hk/），進一步學習。

第2章
中華人民共和國國徽

基本法 Q&A

1. 中華人民共和國國徽上有甚麼？

中華人民共和國國徽主體大致為圓形，分金紅兩色，左右對稱。國徽上面有這幾樣事物，根據《中華人民共和國國徽圖案製作說明》的解釋，它們代表象徵中國人民自「五四」運動以來的新民主主義革命鬥爭和工人階級領導的以工農聯盟為基礎的人民民主專政的新中國的誕生：

（1）五顆五角星照耀的天安門：五顆五角星與國旗一樣，是一大四小。五顆星星和天安門都是金色，它們所處的國徽內環的底色是紅色。

（2）穀穗：金色穀穗象徵中國的農民，一共有兩把，組成了圓環的形狀。

（3）齒輪：金色齒輪象徵中國的工人，它位於國徽下方，兩把穀穗底部交叉的地方。

（4）紅色綬帶：綬帶交結在齒輪中心，向左右延伸至稻穗下垂。

穀穗　　　　　　　　　　五角星

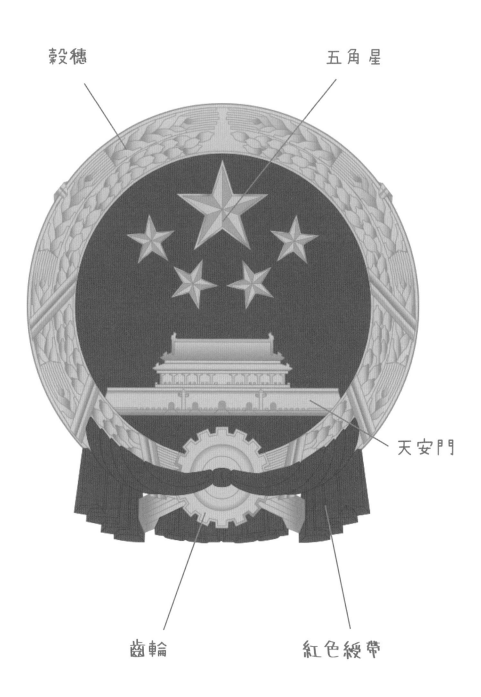

天安門

齒輪　　　　　　紅色綬帶

基本法 Q&A

2. 小明的家人要給爺爺慶祝八十大壽,他們可以在壽宴現場使用國徽嗎?

不可以。和國旗一樣,《國旗及國徽條例》也禁止國徽用於私人婚喪喜慶場合。

國徽的使用

在上一章節內，我們提到國旗的使用範圍和規定。國徽的使用規定與範圍，和國旗相似。

（1）香港特別行政區各主要的政府建築物，都需要展示國旗或國徽或兩者兼有。行政長官可以授權允許或者禁止國徽使用展示的場合，以及規定甚麼情況和條件下使用它。

（2）已經破損、污損的國徽，或者不合規格的國徽，不可以進行展示和使用。而損壞侮辱國徽，是違法的行為。

（3）國旗、國徽的製造受規管。不符合規管的企業與個人製作國徽，製作出的物品將會被沒收，違法的當事人也會受到檢控。

（4）同樣，國徽或其圖案依照《國旗及國徽條例》，也不可以用於商標和廣告、日常生活的陳設佈置與私人慶弔活動，以及行政長官規定禁止使用國徽的場合與地點。

基本法 Q&A

3. 我們可以在香港甚麼地方見到國徽？

根據《國旗及國徽條例》規定：國徽應當展示懸掛在行政長官辦公室、政府總部及律政中心。在香港，行政長官官邸、禮賓府、香港特別行政區各口岸與檢查站、香港國際機場等機構，也都可以看到國徽。

了解到以上信息後，在下面的圖片中，你能夠選出可以懸掛國徽的建築嗎？

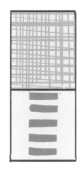

政府大樓

機場

遊樂場

學校

第**3**章

香港特別行政區區旗與區徽

基本法 Q&A

1. 香港特別行政區區旗的別名是甚麼？它是誰設計的？

　　香港特別行政區區旗，是香港的象徵與代表。因為區旗的圖案是紅底上有一朵白色的五瓣洋紫荊花，因此它的別稱為「紫荊花旗」或「洋紫荊旗」。

　　香港特別行政區區旗和區徽，都是由著名建築師何弢博士（1936 年－ 2019 年）設計，圖案、顏色、佈局，每一個細節都飽含深意呢！

區旗細節談

相對於《國旗及國徽條例》，香港特別行政區的區旗和區徽亦有名為《區旗及區徽條例》的法律文件，詳細規定區旗與區徽的圖案、規格、使用與展示，以及違反區旗區徽製作、展示、使用、保護等條款的處罰等內容。在《區旗及區徽條例》內，詳細規定了香港特別行政區區旗的設計圖案：

> 區旗旗面為紅色，其色度值以中華人民共和國國旗紅為標準。區旗旗面呈長方形，其長與高為三與二之比，區旗旗面中繪有一朵白色動態五瓣紫荊花，其外圓直徑為區旗旗高的五分之三。各花瓣圍繞區旗旗面中心點順時針平均排列，在每片花瓣中均有一顆紅色五角星及一條紅色花蕊，紫荊花中心點位於區旗旗面中心，旗杆套為白色。

區旗的全紅底色，和國旗是一樣的，這體現出香港與祖國不可分割的關係；同時，在中華傳統文化中，紅色象徵着喜慶吉祥，是人們過年過節，婚慶壽誕喜歡的顏色。而洋紫荊英文學名 Bauhiniax Blakeana，因為這個品種是十九世紀在香港首次發現的，因此它還有個「香港蘭」（Hong Kong Orchid Tree）的別名。

1965 年，洋紫荊被定為香港市花，多年來都受到市民的喜愛。香港特別行政區的區旗選用洋紫荊圖案的原因，當年香港基本法起草委員會主任委員姬鵬飛這樣說：

> ……紅旗代表祖國，紫荊花代表香港，寓意香港是中國不可分離的部分，在祖國的懷抱中興旺發達。花蕊上的五顆星象徵着香港同胞心中熱愛祖國，紅、白兩色體現了「一國兩制」的精神。

34

基本法 Q&A

2. 很多情況下，國旗會和區旗一起懸掛展示，當國旗和區旗一起懸掛的時候，需要注意甚麼呢？

記住以下幾點小貼士，或許下一次被學校選中升旗時，就可以用得上！

（1）在前面的內容中，我們提到「國旗優先」的原則，因此，國旗與區旗同時升掛時，國旗會處在比較高、比較中心和突出的位置。

（2）國旗與區旗並列懸掛展示的時候，區旗應小於國旗，國旗掛在右邊，區旗掛在左邊。

如果在室內，懸掛展示國旗及區旗應該怎麼區分左右呢？首先，我們先確定旗幟要懸掛在哪一面牆上，然後背朝牆壁站好。這個時候，你面向正前方時的左右方向，就是同時懸掛國旗和區旗時所採取的左右方向。

不過到了室外，情況就不同了，假設某座建築之外，要同時升起國旗和區旗，升旗人就要面對建築物，以這時候的左右方向為準懸掛旗幟。

（3）在舉旗列隊操練時，國旗應當行進在區旗之前。

基本法 Q&A

3. 香港特別行政區區徽有哪幾個設計元素？

香港特別行政區區徽亦是紅白二色，主要的設計元素有白色五瓣洋紫荊花、紅底內圈、白底紅字的外圈、「中華人民共和國香港特別行政區」繁體中文，以及英文「Hong Kong」字樣等。

看看區徽的細節

說完區旗，我們來說一說同樣由何弢博士設計的香港特別行政區區徽。

區徽中最醒目的圖案，就是和區旗一致的白色五瓣洋紫荊圖案，它的花瓣看上去有一種正在舞動的動態效果，每片花瓣中都鑲嵌着一顆紅色五角星及一條紅色花蕊。花瓣環繞區徽徽面中心順時針均勻排列。

　　白底紅邊的文字圈是區徽的外圈。它分為上下兩個部分，上一部分均勻排列着「中華人民共和國香港特別行政區」這幾個繁體中文字。每個字距離均勻，最下方的位置都對準區徽的中心。外圈下方均勻排列着英文「HONG KONG」，字母上端朝向區徽徽面中心點。中英文字樣之間分別鑲有一顆紅色五角星，五角星的一個角尖朝向區徽徽面中心點。區徽的中英文排佈，都是左右對稱的。

基本法 Q&A

4. 如何正確使用和尊重香港的象徵？

　　《區旗及區徽條例》內區旗和區徽的展示與使用，以及相關法律規定的對它們的尊重與保護，與前文中《國旗及國徽條例》內的相應條款有相似之處。比如行政長官授權允許或者禁止區旗區徽展示、懸掛或使用的場合與條件，區旗區徽不得用於商業用途和私人活動，以及每個人都需要尊重與保護區旗區徽，不能侮辱、污損和破壞它們。

小測試

請判斷以下眾人的行為與所在的場合，是否符合區旗和區徽的使用規定：

（1）香港的運動員在國際性比賽中獲得金牌，領獎時賽場奏響國歌，升起香港特別行政區區旗。

（2）小李很喜歡區徽的圖案，所以用它做了一個印章，用來給自己的藏書蓋收藏印，也在他畫的畫上蓋上這個印章送給朋友。

（3）七月一日，小張全家去灣仔的金紫荊廣場觀看升國旗和區旗的儀式，並且拍照留念。

（4）香港在國外一些地方設有香港經濟貿易辦事處，在這些辦事處的辦公處，需要懸掛香港特別行政區區徽。

答案：（1）正確（2）錯誤（3）正確（4）正確

小息小畫家：請問你可以畫出國旗、國徽、區旗、區徽嗎？動手試一試吧！

40

國旗

區旗

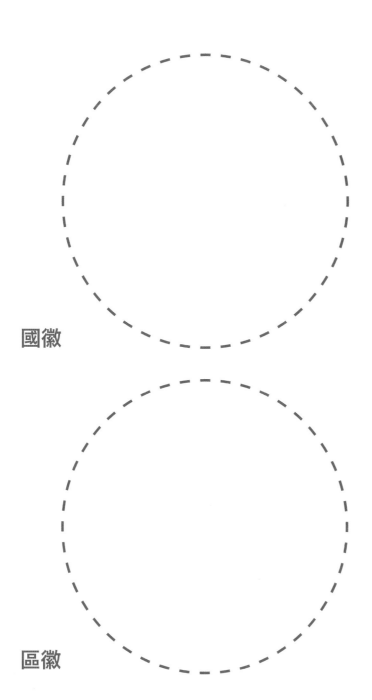

國徽

區徽

第4章

齊來唱國歌

基本法 Q&A

1. 中華人民共和國國歌的歌名是甚麼？

《義勇軍進行曲》。

基本法 Q&A

2. 中華人民共和國國歌的詞曲作者是誰？

國歌的詞作者是田漢（1898 年－ 1968 年），曲作者是聶耳（1912 年－ 1935 年）。

中華人民共和國國歌

（義勇軍進行曲）

田漢 作詞
聶耳 作曲

注：國歌五線譜版本參見《國歌條例》附表一，亦可參見香港特別行政區政府政制及內地事務局官方網頁
相關內容：https://www.cmab.gov.hk/tc/issues/national_anthem_introduction.htm

國歌是如何誕生的

　　國歌是能夠代表一個國家的樂曲，有些國家的國歌是由政府正式承認的，有一些是長期以來約定俗成、廣受國民喜愛而被選為國歌的。一般來說，國歌都體現出國民的愛國之情，展現國家的精神風貌。中華人民共和國的國歌，是《義勇軍進行曲》。

　　這首歌曲並不是在 1949 年專門譜寫的，它實際上是一部電影的插曲。1931 年「九一八」事變後，在被日本侵略者入侵的東北地區，興起了各路抗日義勇軍。之後，部分東北抗日武裝力量改編為抗日聯軍，繼續進行抗日鬥爭。1935 年，上海電通公司拍攝了一部講述「九一八」事變之後，中國青年逐漸走上抗日救亡道路的影片《風雲兒女》。因為這首歌曲調激昂，歌詞催人奮起，在抗日戰爭時期，就已經廣為傳唱。

　　1949 年 9 月 27 日，中國人民政治協商會議第一屆全體會議正式通過《關於中華人民共和國國都、紀年、國歌、國旗的決議》，規定在中華人民共和國的國歌未正式制定前，以《義勇軍進行曲》為國歌。當年 11 月，《人民日報》在《關於國旗、國歌和年號「新華社答讀者問」》中稱：「《義勇軍進行曲》是十餘年來在中國廣大人民的鬥爭中最流行的歌曲，已經具有歷史意義。採用《義勇軍進行曲》為中華人民共和國現時的國歌而不加

修改，是為了喚起人民回想祖國創造過程中的艱難憂患，鼓舞人民發揚反抗帝國主義侵略的愛國熱情，把革命進行到底。這與蘇聯人民曾長期以《國際歌》為國歌，法國人民今天仍以《馬賽曲》為國歌的作用是一樣的。」在這以後，國歌的歌詞經過數度修改，在二十世紀八十年代恢復了最初的版本。2004 年 3 月 14 日，第十屆全國人民代表大會第二次會議修改憲法，將其第四章章名「國旗、國徽、首都」修改為「國旗、國歌、國徽、首都」，並且正式在憲法中確認了《義勇軍進行曲》是中華人民共和國的國歌。

46

基本法 Q&A

3. 為甚麼唱國歌時要求態度莊重，不可以手舞
   足蹈，嬉笑玩鬧？

國歌不同於普通的歌曲，它展示的是國民的愛國情懷，體現
了民族精神。因此在演唱的時候，我們需要起立站好，懷抱莊重
的感情，而且要注意詞曲歌唱的正確。在唱國歌的時候，切不可
以開玩笑似地改動詞曲，或者在歌唱過程中和同學們交頭接耳、
手舞足蹈啊！

基本法 Q&A

4. 《國歌條例》是怎樣的一部法例？它對同學們的校園生活有何影響？

因《中華人民共和國國歌法》納入基本法附件三，需通過本地立法實施，《國歌條例》隨即在 2020 年 6 月 12 日正式實施。《國歌條例》弁言提到：鑒於中華人民共和國國歌是中華人民共和國的象徵和標誌；一切個人和組織都應當尊重國歌，維護國歌的尊嚴，並在適宜的場合奏唱國歌，及需有相關的條例來維護國歌的尊嚴，規範國歌的奏唱、播放和使用，增強公民的國家觀念，以及弘揚愛國精神，因此制定《國歌條例》。

在《國歌條例》的第四部分「推廣國歌」，提到教育局局長須就將國歌納入小學教育及中學教育發出指示，各學校需要進行國歌學習，其內容包括：

1. 讓學生學習歌唱國歌；
2. 教育學生國歌的歷史及精神；
3. 奏唱國歌的禮儀。

更多內容及《國歌條例》文本，可參考香港特別行政區政府政制及內地事務局官方網站內容：

https://www.cmab.gov.hk/tc/issues/national_anthem_introduction.htm

責任編輯：楊歌
封面設計：雨林
裝幀設計：雨林　龐雅美
排版：龐雅美　鄧佩儀
印務：劉漢舉

基本法 小小通識讀本 3

鍾煜華 編著

出版
中華教育
香港北角英皇道 499 號北角工業大廈 1 樓 B
電話：(852) 2137 2338　傳真：(852) 2713 8202
電子郵件：info@chunghwabook.com.hk
網址：http://www.chunghwabook.com.hk

發行
香港聯合書刊物流有限公司
香港新界荃灣德士古道 220-248 號　荃灣工業中心 16 樓
電話：(852) 2150 2100　傳真：(852) 2407 3062
電子郵件：info@suplogistics.com.hk

印刷
美雅印刷製本有限公司
香港觀塘榮業街 6 號海濱工業大廈 4 字樓 A 室

版次
2021 年 3 月第 1 版第 1 次印刷
©2021 中華教育

規格
16 開（230mm x 170mm）

ISBN
978-988-8676-77-4